I0410277

ASTRONOMIE:
DIE VERMESSUNG
DES HIMMELS

Einführung in die astronomischen
Methoden und Techniken

Mag. Eva Prasch

CONTENTS

https://evaprasch.com/

I. EINLEITUNG

Die astronomische Vermessung des Himmels ist eine der faszinierendsten Disziplinen der Naturwissenschaften.

Seit Jahrtausenden betrachten und studieren die Menschen den Nachthimmel und haben im Lauf der Geschichte immer bessere Methoden entwickelt, um ihn zu vermessen und zu erforschen.

Von der Antike bis zur modernen Raumfahrt haben Astronomen und Astrophysiker die Natur der Sterne, Planeten und Galaxien untersucht und dabei bahnbrechende Entdeckungen gemacht, die unser Verständnis des Universums revolutioniert haben.

In dieser Arbeit wird eine Einführung in die astronomischen Methoden und Techniken gegeben, die bei der Vermessung des Himmels verwendet werden.

Wir werden uns mit den verschiedenen Beobachtungsgeräten und -methoden beschäftigen, die Astronomen einsetzen, um den Himmel zu erforschen.

Außerdem werden wir uns mit der Datenverarbeitung und -analyse befassen, die notwendig ist, um aus den Beobachtungen wissenschaftliche Erkenntnisse zu gewinnen.

Ein weiterer Schwerpunkt wird auf den astronomischen Koordinatensystemen liegen, die verwendet werden, um die Positionen von Himmelsobjekten zu bestimmen und zu beschreiben.

Wir werden uns mit verschiedenen Methoden zur Positionsmessung und -bestimmung befassen, darunter

- die astrometrische Messung der Parallaxe,
- die Messung von Eigenbewegung und Radialgeschwindigkeit sowie
- die photometrische Bestimmung von Entfernungen.

Anschließend werden wir uns mit einigen Anwendungen der astronomischen Vermessung befassen, darunter die

- Erforschung des Sonnensystems,
- die Entdeckung und Untersuchung von Exoplaneten,
- die Struktur und Entwicklung unserer Galaxie sowie
- die Kosmologie und die Erforschung des Universums als Ganzes.

Diese Einführung in die astronomischen Methoden und Techniken soll dir eine Grundlage vermitteln, um die faszinierende Welt der Astronomie besser zu verstehen und zu schätzen.

● *Bedeutung der astronomischen Vermessung des Himmels*

Die astronomische Vermessung des Himmels hat eine enorme Bedeutung für unser Verständnis des Universums und unsere Position darin.

Durch die Erforschung des Nachthimmels haben Astronomen und Astrophysiker wichtige Erkenntnisse über die Entstehung und Entwicklung von Sternen, Planeten und Galaxien gewonnen. Außerdem haben sie unser Verständnis der fundamentalen physikalischen Gesetze erweitert und unsere Vorstellung von der Natur der Materie und der Energie im Universum verändert.

Die astronomische Vermessung ist auch von großer praktischer Bedeutung. Zum Beispiel hilft sie uns bei der Navigation und Orientierung im Weltraum und bei der Entwicklung von Raumfahrttechnologien.

Sie ermöglicht uns auch die Entdeckung von neuen Planeten außerhalb unseres Sonnensystems, was unsere Suche nach Leben im Universum vorantreibt.

Darüber hinaus bietet die astronomische Vermessung auch eine einzigartige Perspektive auf unseren Platz in der Welt und im Universum.

Sie zeigt uns, wie klein und unbedeutend wir im Vergleich zur Größe und Komplexität des Kosmos sind, und lässt uns staunen über die Schönheit und Vielfalt des Universums.

Insgesamt ist die astronomische Vermessung des Himmels von großer Bedeutung für die Wissenschaft und die Menschheit als Ganzes.

Sie erweitert unser Wissen über die Natur und den Ursprung des Universums und inspiriert uns dazu, uns selbst und unsere Welt aus einer neuen Perspektive zu betrachten.

• *Historischer Überblick*

Die astronomische Vermessung des Himmels hat eine lange und faszinierende Geschichte, die bis in die Antike zurückreicht.

Schon die alten Ägypter, Babylonier und Griechen beobachteten den Himmel und fortschreitende Methoden zur Bestimmung von Sternpositionen und -bewegungen.

Im 16. und 17. Jahrhundert wurden verbesserte Teleskope entwickelt, die es Astronomen ermöglichten, den Himmel genauer zu vermessen.

Der **Däne Tycho Brahe** war einer der ersten, der systematische Beobachtungen durchführte und dadurch wichtige Erkenntnisse über die Bewegungen der Planeten gewann.

Im 18. und 19. Jahrhundert wurde die astrometrische Vermessung des Himmels weiterentwickelt, insbesondere durch die Arbeit von Astronomen wie **William Herschel** und **Friedrich Bessel**.
Sie haben Methoden zur Messung der Parallaxe, mit der Entfernungen zu Sternen bestimmt werden konnten, und zur Bestimmung von Eigenbewegungen und Radialgeschwindigkeiten von Sternen.
Im 20. Jahrhundert wurde die astronomische Vermessung revolutioniert durch die Entwicklung fotografischer Techniken, die es ermöglicht, große Teile des Himmels systematisch zu erfassen.
Der US-amerikanische **Astronom Edwin Hubble** nutzt diese Techniken, um die Entdeckung von Galaxien außerhalb unserer Milchstraße zu machen und damit unser Verständnis des Universums grundlegend zu verändern.
In den letzten Jahren haben sich die Technologien und Methoden zur astronomischen Vermessung und Weiterentwicklung verbessert.
Insbesondere die Entwicklung von Computer- und Datenanalyse-Technologien ermöglicht es Astronomen, riesige Datenmengen zu verarbeiten und aus ihnen wichtige Erkenntnisse über die Natur des Universums zu gewinnen.
Insgesamt hat die historische Entwicklung der astronomischen Vermessung des Himmels zu einem immer tieferen Verständnis unseres Universums und unserer Position geführt.
Heute ist die Vermessung des Himmels ein wichtiger Teil der modernen Astronomie und Astrophysik und liefert uns wichtige Erkenntnisse über die Natur der Sterne, Planeten, Galaxien und des Universums als Ganzes.

II.
BEOBACHTUNGSGERÄ TE UND -METHODEN

Die astronomische Vermessung des Himmels erfordert den Einsatz spezieller Beobachtungsgeräte und -methoden.
Hier sind einige der wichtigsten Geräte und Methoden, die in der modernen Astronomie verwendet werden:

Teleskope:

Teleskope sind das leichteste Instrument für die astronomische Beobachtung. Sie sammeln Licht von entfernten Objekten und erzeugen ein Bild, das von einem Beobachter oder einer Kamera betrachtet werden kann.
Es gibt verschiedene Arten von Teleskopen, darunter Refraktoren, Reflektoren und katadioptrische Teleskope.

Spektroskopie:

Die Spektroskopie ist eine Methode, mit der das Licht von astronomischen Objekten in ihre verschiedenen Farben aufgeteilt wird.
Durch die Analyse des Spektrums können astronomisch wertvolle Informationen über die Zusammensetzung, Temperatur, Geschwindigkeit und andere Eigenschaften von Sternen, Galaxien und anderen Himmelskörpern gewonnen werden.

Interferometrie:

Die Interferometrie ist eine Technik, mit der Teleskope

miteinander kombiniert werden können, um eine höhere Auflösung zu erreichen.

Durch die Kombination von Licht aus verschiedenen Teleskopen können Astronomen detaillierte Bilder von entfernten Objekten erzeugen.

Radioastronomie:
Die Radioastronomie ist eine spezielle Art der Astronomie, bei der Radiowellen von astronomischen Objekten empfangen werden.

Radioastronomie kann verwendet werden, um ferne Galaxien, Sternentstehung, Regionen und andere Himmelskörper zu untersuchen, die mit herkömmlichen Teleskopen nicht sichtbar sind.

Weltraumteleskope:
Weltraumteleskope wie das Hubble Space Telescope ermöglichen es Astronomen, den Himmel in Bereichen des elektromagnetischen Spektrums zu beobachten, die von der Erde aus nicht zugänglich sind.

Diese Teleskope liefern Bilder von unerreichter Klarheit und Detailgenauigkeit.

Insgesamt sind die Beobachtungsgeräte und -methoden der astronomischen Vermessung des Himmels entscheidend für unser Verständnis des Universums.

Durch den Einsatz fortschrittlicher Technologien können Astronomen detaillierte Bilder und Daten von entfernten Objekten sammeln, die uns wichtige Erkenntnisse über die Natur und den Ursprung des Universums liefern.

●   *Das menschliche Auge*
und seine Grenzen

Das menschliche Auge ist ein erstaunliches Instrument, aber es hat auch seine Grenzen bei der astronomischen Beobachtung.

Hier sind einige Einschränkungen des menschlichen Auges:

Empfindlichkeit:
Das menschliche Auge ist nicht empfindlich gegenüber besonders schwachen Lichtquellen.
Es kann nur Objekte erkennen, die eine bestimmte Mindesthelligkeit haben.

Auflösung:
Die Auflösung des Menschenauges ist begrenzt. Die meisten Menschen können nicht einzelne Sterne oder andere Objekte unterscheiden, die weniger als eine Bogenminute voneinander entfernt sind.
Dies bedeutet, dass Objekte, die sehr nahe beieinander liegen, für das Auge verschwimmen und nicht einzeln erfasst werden können.

Farbempfindlichkeit:
Das menschliche Auge ist **am empfindlichsten für grünes Licht** und weniger empfindlich für blaues und rotes Licht.
Dies bedeutet, dass Objekte, die hauptsächlich blaues oder rotes Licht ausstrahlen, für das Auge schwerer zu erkennen sind.

Verzerrungen: Die Atmosphäre unseres Planeten kann das Licht, das aus dem Weltraum kommt, beeinflussen und verzerrt darstellen.
Diese Störungen können durch Luftunruhe, Luftverschmutzung und andere Faktoren verursacht werden, die zu einem unscharfen Bild führen können.

Dunkeladaptation:
Das menschliche Auge benötigt Zeit, um sich an die Dunkelheit

anzupassen. Wenn man von einem gut beleuchteten Raum in die Dunkelheit tritt, braucht das Auge einige Minuten, um sich anzupassen und seine volle Empfindlichkeit zu erreichen.

Trotz dieser Einschränkungen bleibt das menschliche Auge ein wichtiger Bestandteil der astronomischen Beobachtung.

Viele der frühesten Entdeckungen in der Astronomie wurden von Astronomen gemacht, die nur ihre Augen und Teleskope verwenden.

Heute können Astronomen jedoch auf fortschrittlichere Beobachtungsgeräte zurückgreifen, um das Universum zu erforschen und zu verstehen.

Fernrohre und Teleskope
Fernrohre und Teleskope sind die wichtigsten Instrumente in der modernen astronomischen Beobachtung.

Fernrohre und Teleskope sind optische Instrumente, die verwendet werden, um das Licht von entfernten Objekten einzufangen und zu vergrößern.

Ein Fernrohr besteht im Allgemeinen aus zwei Linsen: einer **Objektivlinse** an der Vorderseite des Fernrohrs und einer **Okularlinse** am hinteren Ende.

Das Licht fällt zuerst auf die Objektivlinse, die es bündelt und an das Okular weitergeleitet. Das Okular vergrößert das Bild und stellt es für das menschliche Auge scharf.

Ein Teleskop ist ähnlich wie ein Fernrohr aufgebaut, jedoch sind Teleskope in der Regel größer und beeindruckender.

Anstelle von Linsen verwenden Teleskopspiegel, um das Licht von entfernten Objekten einzufangen.

Das Licht fällt auf einen konkaven Hauptspiegel, der es an einen flachen Sekundärspiegel reflektiert. Der Sekundärspiegel lenkt das Licht zu einem Okular oder einer Kamera, wo das Bild und die Vergrößerung dargestellt werden.

Moderne Teleskope können in verschiedenen Wellenlängenbereichen arbeiten, wie zum Beispiel im sichtbaren

Licht, im Infrarot- oder Ultraviolettlicht. Einige Teleskope sind auch in der Lage, Daten aus anderen Quellen wie Radiowellen, Röntgenstrahlen und Gammastrahlen aufzunehmen.

Fernrohre und Teleskope haben dazu beigetragen, unser Verständnis des Universums zu erweitern, indem sie uns einen Blick auf entfernte **Sterne, Galaxien, Planeten** und andere kosmische Objekte ermöglicht haben. Sie haben ermöglicht, viele wichtige Entdeckungen in der Astronomie zu machen und werden auch in Zukunft eine wichtige Rolle bei der Erforschung des Universums spielen.

• *Spektroskopie*

Die Spektroskopie ist eine wichtige Technik in der astronomischen Beobachtung, die verwendet wird, um Informationen über die chemische Zusammensetzung und andere Eigenschaften von Objekten im Universum zu sammeln.

Die Spektroskopie funktioniert durch die Zerlegung des Lichts von Objekten in ihre einzelnen Farben oder Wellenlängen.

Dies wird durch ein Instrument wie ein Spektroskop erreicht, das Licht in seine Komponenten aufgeteilt und ein Spektrum erzeugt.

Das Spektrum zeigt die Helligkeit des Lichts bei verschiedenen Wellenlängen oder Farben an.

Das Spektrum eines Objekts kann wichtige Informationen über seine chemische Zusammensetzung, Temperatur und Bewegung liefern.

Zum Beispiel können Astronomen durch die Analyse des Spektrums von Sternen feststellen, welche Elemente in ihnen enthalten sind und wie heiß oder kühl sie sind.

Die Doppler-Verschiebung des Spektrums kann auch verwendet werden, um die Geschwindigkeit und Bewegung von Sternen und anderen kosmischen Objekten zu bestimmen.

Die Spektroskopie wird auch verwendet, um die Atmosphären von

Planeten und anderen Himmelskörpern zu untersuchen.

Durch die Analyse des Spektrums des Lichts, das von diesen Objekten reflektiert oder emittiert wird, können Astronomen feststellen, welche Gase in der Atmosphäre vorhanden sind und wie sie sich verhalten.

Moderne Spektroskopie-Techniken haben es den Astronomen ermöglicht, immer genauere Messungen von Objekten im Universum durchzuführen.

Die Spektroskopie wird weiterhin eine wichtige Rolle bei der Erforschung des Universums spielen, da sie uns hilft, unser Verständnis von der chemischen Zusammensetzung und der Entstehung von Himmelskörpern zu erweitern.

● *Photometrie*

Die Photometrie ist eine wichtige Technik in der astronomischen Beobachtung, die verwendet wird, um die Helligkeit von Objekten im Universum zu messen.

Photometrie-Beobachtungen können verwendet werden, um Informationen über Sterne, Galaxien, Nebel und andere kosmische Objekte zu sammeln.

Astronomen verwenden spezielle Instrumente wie Photometer, um die Intensität des Lichts zu messen, das von diesen Objekten emittiert oder reflektiert wird.

Die Photometrie-Technik ist sehr nützlich, um die Helligkeit von Sternen und anderen Objekten im Laufe der Zeit zu messen.

Durch die Aufzeichnung von Veränderungen in der Helligkeit können Astronomen Informationen über die Eigenschaften von Sternen wie ihre Größe, Masse, Alter und Entfernung sammeln.

Die Photometrie-Beobachtungen können auch verwendet werden, um periodische Veränderungen in der Helligkeit von

Objekten zu messen, die mit der Rotation oder Bewegung von Sternen oder Planeten verbunden sind.

In der modernen Photometrie-Technik werden digitale Kameras und Computer verwendet, um die Helligkeit von Objekten mit hoher Genauigkeit zu messen.

Diese Technik ermöglicht es Astronomen, Daten von einer großen Anzahl von Objekten in relativ kurzer Zeit zu sammeln.

Die Photometrie wird weiterhin eine wichtige Rolle bei der Erforschung des Universums spielen, da sie uns hilft, unser Verständnis von der Natur und den Eigenschaften von Objekten im Weltraum zu erweitern.

• *Radioastronomie*

Die Radioastronomie ist eine wichtige Technik in der astronomischen Beobachtung, die verwendet wird, um Radiostrahlung von Objekten im Universum zu sammeln.

Radiostrahlung ist eine Form von elektromagnetischer Strahlung, die eine sehr lange Wellenlänge hat und für das menschliche Auge nicht sichtbar ist.

Radioteleskope sind speziell entwickelte Instrumente, die verwendet werden, um Radiostrahlung von Himmelskörpern zu sammeln und aufzuzeichnen.

Die Radioastronomie-Technik ermöglicht es den Astronomen, Informationen über Sterne, Galaxien und andere kosmische Objekte zu sammeln, die mit anderen Techniken schwer zu beobachten sind.

Zum Beispiel kann die Radioastronomie verwendet werden, um Gas- und Staubwolken im Weltraum zu untersuchen, die für sichtbares Licht undurchsichtig sind. Die Radioastronomie kann auch verwendet werden, um die Strahlung von Pulsaren,

Supernovae und anderen Objekten zu studieren.

In der modernen Radioastronomie werden digitale Technologien verwendet, um Daten von Radioteleskopen aufzuzeichnen und zu analysieren. Diese Technologie ermöglicht Astronomen, große Mengen von Daten von verschiedenen Objekten im Universum zu sammeln und zu untersuchen.

Die Radioastronomie wird weiterhin eine wichtige Rolle bei der Erforschung des Universums spielen, da sie uns hilft, unser Verständnis von den Eigenschaften und der Entstehung von Himmelskörpern zu erweitern, die mit anderen Techniken schwer zu beobachten sind.

● *Weltraumteleskop*

Ein Weltraumteleskop ist ein Teleskop, das im Weltraum platziert wird, um die Himmelskörper zu beobachten. Im Gegensatz zu Teleskopen auf der Erde, die durch die Atmosphäre beeinträchtigt werden, sind Weltraumteleskope in der Lage, klare und definierte Bilder von Objekten im Weltraum zu liefern.

Das **bekannteste Weltraumteleskop ist** das **Hubble-Weltraumteleskop**, das **im Jahr 1990 gestartet wurde** und immer noch in Betrieb ist. Das Hubble-Weltraumteleskop hat die Art und Weise revolutioniert, wie wir das Universum betrachten, indem es uns erstaunliche Bilder von fernen Galaxien, Nebeln und Sternen liefert.

Neben dem Hubble-Weltraumteleskop gibt es auch andere Weltraumteleskope wie das **Chandra-Weltraumteleskop**, das **auf Röntgenstrahlen spezialisiert** ist, und das **Spitzer-Weltraumteleskop**, das **auf Infrarotstrahlung spezialisiert** ist.

Ein weiterer Vorteil von Weltraumteleskopen ist, dass sie auch in Bereichen des elektromagnetischen Spektrums arbeiten können, die durch die Erdatmosphäre blockiert werden, wie beispielsweise Röntgen- und Ultraviolettstrahlung.

Die Technologie von Weltraumteleskopen ermöglicht es uns, unser Verständnis des Universums auf eine ganz neue Ebene zu bringen.

Es erlaubt uns, Bilder und Daten von Himmelskörpern zu sammeln, die mit Teleskopen auf der Erde nicht zugänglich sind.

Weltraumteleskope werden auch in Zukunft eine wichtige Rolle bei der Erforschung des Universums spielen, indem sie uns helfen, mehr über die Entstehung und Eigenschaften von Sternen, Galaxien und anderen kosmischen Objekten zu erfahren.

III.

DATENVERARBEITUNG

UND -ANALYSE

Die Datenverarbeitung und -analyse ist ein wichtiger Teil der astronomischen Methoden und Techniken.
Um aus den Beobachtungen von Teleskopen und anderen Instrumenten Informationen über Himmelskörper zu gewinnen, müssen die gewonnenen Daten analysiert und interpretiert werden.

Zu den **einfachen Techniken** der Datenverarbeitung und -analyse gehören die **Reduktion von Rauschen** und **die Korrektur von Fehlern**, die während der Beobachtungen auftreten können.

Dies ist besonders wichtig bei langen Beobachtungen, bei denen das Signal durch **Störungen wie kosmische Strahlung oder atmosphärische Turbulenzen** beeinträchtigt werden kann.

Nach der Reduktion und Korrektur der Daten können verschiedene Analysemethoden eingesetzt werden, um Informationen über die beobachteten Himmelskörper zu erhalten. Dazu gehören unter anderem die Photometrie, die Spektroskopie und die Astrometrie.

Die Photometrie befasst sich mit der Messung der Helligkeit von Himmelskörpern in verschiedenen Wellenlängenbereichen. Diese Technik ermöglicht es, Informationen über die

Oberflächenbeschaffenheit, die Temperatur und andere Eigenschaften von Himmelskörpern zu gewinnen.

Die Spektroskopie analysiert das von Himmelskörper emittierte Licht in verschiedenen Wellenlängenbereichen.

Mit dieser Technik können Informationen über die chemische Zusammensetzung von Himmelskörpern sowie ihre Geschwindigkeit und Bewegung im Raum gewonnen werden.

Die Astrometrie befasst sich mit der Messung der Position und Bewegung von Himmelskörpern im Raum. Durch die Analyse dieser Daten können Informationen über die Entfernungen, Bewegungen und Umlaufbahnen von Himmelskörpern gewonnen werden.

Die Datenverarbeitung und -analyse in der Astronomie erfordert eine enge Zusammenarbeit zwischen Astronomen, Ingenieuren und Informatikern.

Durch die Nutzung von leistungsstarken Computern und spezieller Software ist es möglich, die Daten schnell zu analysieren und zu interpretieren, um wertvolle Erkenntnisse über das Universum zu gewinnen.

• *Datenformate und -speicherung*

In der astronomischen Forschung werden große Mengen an Daten gesammelt und verarbeitet.

Diese Daten müssen in geeigneten Formaten gespeichert und organisiert werden, um eine effektive Datenanalyse zu ermöglichen.

Ein häufig verwendetes Datenformat in der Astronomie ist das

Flexible Image Transport System (FITS).

FITS ist ein offener Standard für den Austausch von astronomischen Daten und wird von den meisten Teleskopen und Instrumenten unterstützt.

Es ermöglicht die Speicherung von Bildern, Tabellen und anderen Datentypen, einschließlich Metadaten wie Beobachtungsbedingungen und Instrumenteneinstellungen.

Zusätzlich zu FITS werden auch andere Datenformate wie das **Virtual Observatory (VO)** oder das **Common Data Format (CDF)** verwendet, die eine standardisierte Verarbeitung und Analyse von Daten ermöglichen.
Die Daten werden oft auf speziellen Datenbanken gespeichert, um eine effiziente Verwaltung und Organisation zu gewährleisten.
Zum Beispiel speichert die **Internationale Virtual Observatory Alliance (IVOA)** astronomische Daten aus verschiedenen Quellen und stellt sie Forschern auf der ganzen Welt zur Verfügung.
Da die Datenmengen in der Astronomie immer größer werden, ist die Speicherung und Verwaltung von Daten eine Herausforderung geworden.
Cloud Computing und Big-Data-Technologien bieten neue Möglichkeiten, um die Verarbeitung und Speicherung von astronomischen Daten zu verbessern und zu vereinfachen.

• *Bildverarbeitung und -analyse*

Die Bildverarbeitung und -analyse spielt eine wichtige Rolle in der astronomischen Forschung, da viele astronomische Daten in Form von Bildern vorliegen.

Die Bildverarbeitung und -analyse umfasst eine Vielzahl von Techniken, um Informationen aus astronomischen Bildern zu extrahieren und zu interpretieren.

Eine der **wichtig**sten Aufgaben der Bildverarbeitung ist **die Korrektur von Bildverzerrungen und Störungen**.
Zum Beispiel können astronomische Bilder durch atmosphärische Turbulenzen, Instrumentenfehler oder Bewegungen des Teleskops verzerrt werden.

Die Bildverarbeitungstechniken helfen dabei, diese Störungen zu korrigieren und klare, scharfe Bilder zu erhalten.
Die Bildanalyse wird verwendet, um Informationen über die beobachteten Objekte zu extrahieren. Zum Beispiel kann die Größe, Form und Helligkeit von Sternen oder Galaxien gemessen werden.
Durch die Analyse von Bildern können auch neue Objekte entdeckt werden, wie zum Beispiel Supernovae oder Asteroiden.

Ein wichtiger Bereich der Bildanalyse in der Astronomie ist **die Spektroskopie**, bei der das Licht von Objekten in seinen Bestandteilen zerlegt und analysiert wird.

Die Spektroskopie ermöglicht es den Astronomen, Informationen über die chemische Zusammensetzung, Temperatur und Bewegung von Objekten im Universum zu erhalten.

In der heutigen Zeit werden immer leistungsfähigere Computer eingesetzt, um die Bildverarbeitung und -analyse zu unterstützen.

Bildverarbeitungsalgorithmen und -software werden kontinuierlich verbessert, um die Genauigkeit und Effizienz der Datenanalyse zu erhöhen.

● *Spektroskopische Datenanalyse*

Die spektroskopische Datenanalyse ist ein wichtiger Teil der astronomischen Forschung.

Sie ermöglicht es, Informationen über die chemische Zusammensetzung, die Temperatur und die Geschwindigkeit von Objekten im Universum zu erhalten.

Die Spektroskopie beruht darauf, dass das Licht von Objekten in seinen Bestandteilen zerlegt wird.

Dies geschieht mit Hilfe eines Spektrographen, der das Licht durch ein Gitter oder Prisma hindurchführt und in verschiedene Farben zerlegt.

Das so erzeugte Spektrum gibt Aufschluss über die chemische Zusammensetzung des Objekts, da jedes chemische Element eine markante Signatur im Spektrum aufweist.

Um Informationen aus spektroskopischen Daten zu gewinnen, müssen die Spektren genau analysiert werden. Eine der wichtigsten Aufgaben dabei ist die Identifikation der Spektrallinien, die den verschiedenen chemischen Elementen zugeordnet werden können. Die Identifikation erfolgt durch Vergleich mit Referenzspektren oder durch theoretische Berechnungen.

Ein weiterer wichtiger Aspekt der spektroskopischen Datenanalyse ist die Bestimmung von physikalischen Eigenschaften der Objekte, wie zum Beispiel Temperatur und Geschwindigkeit. Dazu müssen die Spektren modelliert und mit theoretischen Spektren erfasst werden.

Die spektroskopische Datenanalyse wird in vielen Bereichen der Astronomie eingesetzt, zum Beispiel bei der Untersuchung von Sternen, Galaxien und interstellaren Gaswolken. Sie ist ein mächtiges Werkzeug, um Informationen über das Universum und seine Entstehungsgeschichte zu gewinnen.

● *Datenauswertung und -modellierung*

Die Datenauswertung und -modellierung sind entscheidende Schritte in der astronomischen Forschung, um aus den gesammelten Daten wissenschaftliche Erkenntnisse zu gewinnen.

Die Datenauswertung umfasst die Analyse und Visualisierung der Rohdaten, um Muster und Trends zu identifizieren. Dabei kommen statistische Methoden wie **die Regressionsanalyse** oder **die Clusteranalyse** zum Einsatz, um Zusammenhänge zwischen den Daten zu erkennen und Hypothesen zu formulieren.

Die Datenauswertung ist jedoch nur der erste Schritt. Um ein besseres Verständnis der beobachteten Phänomene zu erlangen, müssen die Daten in Modelle integriert werden. Hierzu werden physikalische Modelle entwickelt, die die beobachteten Phänomene beschreiben können.

Diese Modelle werden dann mit den beobachteten Daten erfasst, um ihre Gültigkeit zu überprüfen.

Die Modellierung von Daten umfasst auch die numerische Simulation von Phänomenen im Universum.

Hier werden Computerprogramme eingesetzt, um die komplexen physikalischen Prozesse im Universum zu modellieren.

Solche Simulationen können wichtige Erkenntnisse liefern, die mit Beobachtungen allein nicht möglich wären.

Die Datenauswertung und -modellierung sind in vielen Bereichen der Astronomie von großer Bedeutung, zum Beispiel bei der Untersuchung von Galaxien, der Kosmologie oder der Suche nach extrasolaren Planeten.

Sie sind unverzichtbare Werkzeuge, um ein besseres Verständnis des Universums zu erlangen und neue Erkenntnisse zu gewinnen.

IV. ASTRONOMISCHE KOORDINATENSYSTEME

Astronomische Koordinatensysteme sind ein wesentlicher Bestandteil der astronomischen Beobachtung und Datenanalyse.
Sie dienen dazu, den Himmelsraum zu vermessen und Positionen von Himmelsobjekten zu bestimmen.
Das bekannteste astronomische Koordinatensystem ist das Himmelsäquator System.
Dabei wird der Himmel in einen Äquator- und Polarkreis unterteilt, die analog zum Erdäquator und dem geografischen Polen verlaufen.
Der Äquator wird in Stunden Kreise unterteilt, ähnlich wie die Längengrade auf der Erde, während die Breite eines Himmelsobjekts in Grad angegeben wird.

Diese Koordinaten werden als Rektaszension und Deklination bezeichnet und sind für viele astronomische Beobachtungen von großer Bedeutung.
Ein weiteres wichtiges astronomisches Koordinatensystem ist **das galaktische Koordinatensystem**.
Dabei wird die Position von Himmelsobjekten relativ zur Ebene der Milchstraße bestimmt.
Das galaktische Koordinatensystem ist für die Untersuchung der Struktur und Dynamik der Milchstraße von zentraler Bedeutung.

Astronomische Koordinatensysteme werden auch für die Navigation im Weltraum eingesetzt. So nutzen die Raumsonden und Teleskope astronomische Koordinaten, um ihr Zielobjekt im Raum zu finden und auszurichten.

In der modernen Astronomie werden astronomische Koordinatensysteme zunehmend durch digitale Datenbanken und Programme unterstützt.

Diese ermöglichen eine schnelle und genaue Bestimmung der Positionen von Himmelsobjekten und erleichtern die Arbeit von Astronomen und Forschern auf der ganzen Welt.

• *Einführung in die sphärische Astronomie*

Die Sphärische Astronomie befasst sich mit der Vermessung des Himmels, basierend auf der Kugelgestalt der Erde und des Himmels.
Sie ist ein wesentlicher Bestandteil der astronomischen Methoden und Techniken.
Die sphärische Astronomie verwendet Koordinatensysteme, um die Positionen von Himmelsobjekten zu bestimmen.
Das gebräuchlichste Koordinatensystem ist das **Himmelsäquator System**, welches den Himmel in einen Äquator- und Polarkreis unterteilt.
Der Äquator entspricht dabei der Projektion des Erdäquators auf den Himmel und wird in Stundenkreise unterteilt.
Die Breite eines Himmelsobjekts wird in Grad gemessen und als Deklination bezeichnet.
Ein weiteres wichtiges Koordinatensystem ist das **Ekliptiksystem**, das auf der Bahn der Erde um die Sonne basiert.
Die Ekliptikebene entspricht dabei der Projektion der Erdbahn auf den Himmel. Die Position von Himmelsobjekten wird hierbei durch ihre Länge gemessen und als ekliptische Länge bezeichnet.

Zusätzlich zu diesen Koordinatensystemen werden auch **horizontale und galaktische Koordinatensysteme** verwendet. Horizontale Koordinaten basieren auf der Position des Beobachters auf der Erde und geben die Höhe und Azimut eines Himmelsobjektes an.

Galaktische Koordinaten beziehen sich auf die Position von Himmelsobjekten relativ zur Ebene der Milchstraße.

Sphärische Astronomie ist ein komplexes Feld, das umfangreiche Kenntnisse der Mathematik und der Himmelsmechanik erfordert. Moderne astronomische Methoden und Techniken verwenden jedoch zunehmend digitale Datenbanken und Programme, um die Arbeit von Astronomen und Forschern zu erleichtern und präzisere Messungen zu ermöglichen.

• *Äquatoriales Koordinatensystem*

Das äquatoriale Koordinatensystem ist eines der gebräuchlichsten Koordinatensysteme in der Astronomie und wird verwendet, um die Position von Himmelsobjekten am Himmel zu beschreiben. Es basiert auf der Erde und ihrer Bewegung um die Sonne.

Das äquatoriale Koordinatensystem hat **zwei Hauptachsen: den Himmelsäquator und den Frühlingspunkt.**
Der Himmelsäquator ist die Projektion des Erdäquators in den Himmel und teilt den Himmel in die nördliche und südliche Hemisphäre.

Der **Frühlingspunkt, auch als Äquinoktialpunkt bezeichnet**, ist der Schnittpunkt des Himmelsäquators mit der **Ekliptik, der scheinbaren Bahn**, die Sonne am Himmel entlang zu ziehen scheint.

Die **Koordinaten im äquatorialen Koordinatensystem werden als Rektaszension und Deklination angegeben**.

Die **Rektaszension ist die Winkelkoordinate**, die den Abstand vom Frühlingspunkt die in Stunden, Minuten und Sekunden angegeben wird.

Die Deklination ist die Winkelkoordinate, die denAbstand vom Himmelsäquator angibt und in Grad, Minuten und Sekunden angegeben wird.

Das äquatoriale Koordinatensystem ist wichtig, da es Astronomen ermöglicht, die Position von Himmelsobjekten auf der Erde zu lokalisieren und zu verfolgen. Es ist auch das Bezugssystem für andere Koordinatensysteme, wie zum Beispiel das horizontale Koordinatensystem, das galaktische Koordinatensystem und das ekliptische Koordinatensystem.

- *Horizontales Koordinatensystem*

Das horizontale Koordinatensystem ist ein Koordinatensystem, das in der Astronomie zur Beschreibung der Position von Himmelsobjekten am Himmel verwendet wird. Es basiert auf der Position des Beobachters auf der Erde und teilt den Himmel in vier Quadranten ein: Norden, Süden, Osten und Westen.

Das horizontale Koordinatensystem hat zwei Hauptachsen: den Horizont und den Zenit. Der Horizont ist die Ebene, die den Himmel und die Erdoberfläche getrennt. Der Zenit ist der Punkt am Himmel, der senkrecht über dem Beobachter steht.

Die Koordinaten im horizontalen Koordinatensystem werden als Azimut und Höhe angegeben. **Das Azimut** ist die Winkelkoordinate, die den Abstand vom Nordpunkt im Anzeiger angibt und in Grad, Minuten und Sekunden angegeben wird.

Die Höhe ist die Winkelkoordinate, die den Abstand vom Horizont angibt und in Grad, Minuten und Sekunden angegeben wird.

Das horizontale Koordinatensystem ist wichtig, da es Astronomen ermöglicht, die Position von Himmelsobjekten in

Bezug auf den Standort des Beobachters auf der Erde zu lokalisieren.

Es ist auch das Koordinatensystem, das für die meisten visuellen Beobachtungen verwendet wird, da es sich am einfachsten ablesen lässt.

● *Galaktisches Koordinatensystem*

Das galaktische Koordinatensystem ist ein Koordinatensystem, das in der Astronomie zur Beschreibung der Position von Himmelsobjekten in unserer Galaxie, der Milchstraße, verwendet wird.

Es basiert auf der Position des Sonnensystems innerhalb der Galaxie und teilt den Himmel in zwei Hauptachsen ein: die galaktische Ebene und den galaktischen Äquator.

Die Koordinaten im galaktischen Koordinatensystem werden als galaktische Länge und galaktische Breite angegeben.

Die galaktische Länge ist die Winkelkoordinate, die den Abstand vom galaktischen Zentrum in Grad, Minuten und Sekunden angegeben wird. Die galaktische Breite ist die Winkelkoordinate, die den Abstand von der galaktischen Ebene angibt und in Grad, Minuten und Sekunden angegeben wird.

Das galaktische Koordinatensystem ist wichtig, um die Position von Himmelsobjekten innerhalb der Galaxie zu lokalisieren und zu untersuchen. Es hilft auch Astronomen, die Verteilung von Sternen, Gas und Staub in der Milchstraße zu verstehen und ihre Bewegung zu verfolgen.

Das galaktische Koordinatensystem wird oft in Kombination mit anderen Koordinatensystemen wie dem äquatorialen Koordinatensystem verwendet, um die Position von Himmelsobjekten genau zu bestimmen.

V.
POSITIONSMESSUNG UND -BESTIMMUNG

Die Positionsmessung und -bestimmung ist ein zentraler Aspekt der Astronomie. Um Himmelsobjekte zu studieren und zu analysieren, ist es wichtig, ihre genaue Position im Himmel zu kennen.

Es gibt verschiedene Methoden zur Messung und Bestimmung von Positionen, die von der einfachen visuellen Beobachtung bis hin zur hochpräzisen Satellitenvermessung.

Eine der einfachen Methoden zur Positionsmessung ist die Verwendung von Koordinatensystemen, wie dem äquatorialen oder galaktischen Koordinatensystem, um die Position von Himmelsobjekten am Himmel zu lokalisieren.

Dies wird normalerweise durch die Verwendung von Teleskopen und anderen Instrumenten durchgeführt.

Eine weitere Methode ist die Verwendung von speziellen Instrumenten wie Astrolabium oder Sextanten, um die Position von Himmelsobjekten von Sternbildern oder anderen astronomischen Phänomenen anhand zu bestimmen.

Diese Methoden wurden in der Vergangenheit verwendet, bevor die Technologie die Präzision und Genauigkeit der Messung erhöhte.

Mit der Einführung von Satelliten und anderen fortschrittlichen Technologien wie Lasertechnologie und GPS kann die Positionsmessung jetzt auf sehr genaue und präzise Weise durchgeführt werden.

Die Verwendung von Satelliten, insbesondere des **Global Positioning System (GPS)**, hat die Art und Weise revolutioniert, wie Positionen auf der Erde und im Weltraum bestimmt werden.

Die Positionsmessung und -bestimmung ist auch wichtig für die Untersuchung von Bewegungen von Himmelsobjekten, wie Planeten und Sternen, sowie die Erstellung von Karten des Himmels.

Die genaue Messung von Positionen und Bewegungen ermöglicht es den Astronomen, die Natur des Universums besser zu verstehen und ihre Theorien und Modelle zu überprüfen.

• *Astrometrie*

Astrometrie ist ein Teilgebiet der Astronomie, das sich mit der **präzisen Messung und Bestimmung der Positionen von Himmelsobjekten beschäftigt.**

Ziel ist es, die genauen Positionen von Sternen, Planeten, Galaxien und anderen Himmelskörpern zu bestimmen und ihre Bewegungen im Raum zu verfolgen.

Für die Astrometrie werden verschiedene Techniken verwendet, darunter **optische Teleskope, Radioteleskope und Raumsonden**.

Durch die Kombination von Beobachtungen aus verschiedenen Positionen können präzise Positions Messungen durchgeführt werden.

Die Astrometrie spielt eine wichtige Rolle in der Astronomie, da sie es Astronomen **ermöglicht, die Struktur und Bewegung des Universums zu verstehen.**

Zum Beispiel ermöglicht die Astrometrie die Identifizierung von Exoplaneten und die Verfolgung ihrer Bahnen um ihre Sterne.

Auch die Struktur unserer eigenen Galaxie und ihre Bewegung im Universum können durch Astrometrie untersucht werden.

• *Trigonometrische Parallaxe*

Die trigonometrische Parallaxe ist eine Technik der Astrometrie, die verwendet wird, um die Entfernung von Sternen zu bestimmen.

Es basiert auf der Messung der scheinbaren Verschiebung eines Sterns aufgrund der Bewegung der Erde um die Sonne.

Die Idee hinter der trigonometrischen Parallaxe ist einfach: Wenn wir die Position eines Sterns von zwei verschiedenen Orten aus beobachten, sollten wir eine scheinbare Verschiebung des Sterns gegenüber den weiter entfernten Sternen sehen.

Diese scheinbare Verschiebung wird als Parallaxe bezeichnet und kann verwendet werden, um die Entfernung des Sterns zu berechnen.

Die trigonometrische Parallaxe wird normalerweise **in Bogensekunden (Bogensekunden) gemessen**, da sie sehr klein ist. Ein Stern mit **einer Parallaxe von 1 Bogensekunde hat eine Entfernung von etwa 3,26 Lichtjahren**.

Obwohl die trigonometrische Parallaxe eine der genauesten Methoden zur Entfernungsmessung von Sternen ist, kann sie nur für Sterne in unserer unmittelbaren Umgebung angewendet werden. Für entferntere Sterne ist die Parallaxe zu klein, um gemessen zu werden. In diesen Fällen müssen andere Methoden wie die spektroskopische Parallaxe oder die Hauptreihen-Abstandsmethode verwendet werden.

• Eigenbewegung und Radialgeschwindigkeit

Eigenbewegung und Radialgeschwindigkeit sind zwei wichtige Parameter in der Astrometrie, die verwendet werden, um die Position und Geschwindigkeit von Himmelskörpern zu bestimmen.

Die Eigenbewegung bezieht sich auf die scheinbare Bewegung eines Objekts am Himmel im Laufe der Zeit. Sie wird in Winkelsekunden pro Jahr gemessen und ist das Ergebnis der tatsächlichen Bewegung des Objekts durch den Raum.

Die Radialgeschwindigkeit hingegen bezieht sich auf die Geschwindigkeit, mit der sich ein Himmelskörper relativ zum Beobachter auf der Erde entlang der Sichtlinie bewegt.

Sie wird in Kilometern pro Sekunde gemessen und kann durch die Verschiebung der Spektrallinien des Objekts bestimmt werden.

Zusammen mit der Entfernung können diese Parameter verwendet werden, um die dreidimensionale Bewegung von Himmelskörpern im Raum zu berechnen.

• *Photometrische Parallaxe*

Die photometrische Parallaxe ist eine Methode **zur Bestimmung der Entfernung von Sternen auf der Grundlage ihrer Helligkeit und spektralen Eigenschaften**.

Dabei wird die scheinbare Helligkeit des Sterns gemessen und mit seiner absoluten Helligkeit, die aus seiner spektralen Klasse und seinem Spektraltyp abgeleitet werden kann.

Durch die Kenntnis der absoluten Helligkeit kann die Entfernung des Sterns durch die Beziehung zwischen scheinbarer und absoluter Helligkeit bestimmt werden.

Diese Methode ist besonders nützlich bei Sternen, die zu weit entfernt sind, um durch trigonometrische Parallaxe gemessen zu werden.

Sie ist auch nützlich bei der Untersuchung von Sternen, die sich in dichten Regionen befinden, wo die Sichtbarkeit aufgrund von Staub oder Gas beeinträchtigt sein kann.

Die photometrische Parallaxe hat jedoch ihre Grenzen und **kann nur bei Sternen angewendet werden, deren Entfernung nicht zu groß ist und deren spektrale Klasse und Typ gut bekannt sind.**

Die Genauigkeit der photometrischen Parallaxe hängt auch von der Qualität der Messungen ab und kann durch systematische Fehler beeinträchtigt werden.

• *Absolute Helligkeiten und Entfernungen*

Die Bestimmung von absoluten Helligkeiten und Entfernungen von astronomischen Objekten ist von grundlegender Bedeutung in der Astrophysik.

Die absolute Helligkeit ist die Helligkeit, die ein Objekt haben würde, wenn es sich in einer festen Entfernung von **10 Parsec (pc)** befinden würde.

Die Entfernung ist die räumliche Distanz zwischen dem Objekt und dem Beobachter, normalerweise in Einheiten wie Parsec oder Lichtjahren gemessen.

Es gibt verschiedene Methoden, um die absolute Helligkeit und Entfernung von astronomischen Objekten zu bestimmen.

Eine der wichtigsten Methoden ist die **Entfernungsbestimmung durch die Helligkeit von Cepheiden-Sternen**.

Cepheiden sind veränderliche Sterne, deren Periodendauer mit ihrer absoluten Helligkeit korreliert.

Durch Messung der Periodendauer und der scheinbaren Helligkeit eines Cepheiden kann seine absolute Helligkeit bestimmt werden und daraus seine Entfernung.

Eine andere Methode ist die Entfernungsbestimmung durch **die Helligkeit von Supernovae vom Typ Ia**. Diese Supernovae haben eine sehr markante Lichtkurve und eine bekannte absolute Helligkeit.

Durch Messung der scheinbaren Helligkeit einer Supernova vom Typ Ia kann ihre Entfernung bestimmt werden.

Weitere Methoden zur Bestimmung von absoluten Helligkeiten und Entfernungen sind die Hauptreihenmethode, die Riesenmethode, die
Farbmagnitudenmethode und die Spektroskopiemethode.

Jede dieser Methoden basiert auf unterschiedlichen physikalischen Annahmen und erfordert unterschiedliche Beobachtungs- und Analysemethoden.

Die genaue Bestimmung von absoluten Helligkeiten und Entfernungen ist von großer Bedeutung für die Astrophysik, da sie uns helfen, die Eigenschaften und die Entwicklung von Sternen, Galaxien und dem Universum insgesamt zu verstehen.

VI. ZEITMESSUNG UND -SYNCHRONISATION

Die Zeitmessung und -synchronisation ist ein wichtiger Bestandteil der astronomischen Beobachtung.

Ohne eine präzise Zeitmessung und -synchronisation wäre es nicht möglich, astronomische Phänomene und Prozesse genau zu untersuchen und zu verstehen.

In der Astronomie wird die Zeit in der Regel in der **Koordinierten Weltzeit (UTC)** gemessen, die auf der **Internationalen Atomzeit (TAI)** basiert.

Um sicherzustellen, dass alle astronomischen Beobachtungen auf der gleichen Zeitreferenz basieren, werden **atomuhrgesteuerte Zeitmessgeräte** wie beispielsweise **Caesium-Atomuhren** verwendet.

Die Synchronisation von astronomischen Beobachtungen mit der UTC erfolgt durch die Verwendung von GPS (Global Positioning System) oder ähnlichen Systemen, die es ermöglicht, die genaue Position der Beobachtungsstation zu bestimmen und die Zeit mit größerer Genauigkeit zu synchronisieren.

Die Zeitmessung und -synchronisation ist insbesondere bei der Beobachtung von periodischen Phänomenen wie Sternveränderlichen und Exoplaneten wichtig.

Durch die genaue zeitliche Erfassung dieser Phänomene kann ihre Periodizität und Helligkeitsvariationen genau bestimmt werden, was wichtige Informationen über die Eigenschaften der beteiligten Objekte liefert.

● Definition von Zeit und Zeitmaßstäben

Die Definition von Zeit ist in der Astronomie von zentraler Bedeutung, da viele astronomische Phänomene zeitabhängig sind.
In der Astronomie wird die Zeit als eine fortlaufende Folge von Momenten definiert, die durch eine zeitliche Einheit, wie z.B. Sekunden, Minuten, Stunden oder Tage, gemessen werden kann.

Die Definition der Einheit der Zeit hat sich im Laufe der Geschichte verändert. Heute basieren die meisten astronomischen Zeitmaßstäbe auf atomaren Frequenzen und der Schwingungsdauer des Strahlungsfeldes im Vakuum.

Ein Beispiel dafür ist **die Atomuhr, die auf der Frequenz des Cäsium-133-Atoms basiert.**

In der Astronomie werden verschiedene Zeitmaßstäbe verwendet, um unterschiedliche Phänomene zu messen.

Die scheinbare Sonnenzeit wird beispielsweise durch die Position der Sonne am Himmel gemessen, während die mittlere Sonnenzeit auf der durchschnittlichen Länge des Sonnenzyklus basiert.

Die Koordinierte Weltzeit (UTC) ist der internationale Standard für die Zeitmessung und -synchronisation.

UTC ist eine Art von Atomzeit, die sich auf den internationalen Atomzeitstandard (TAI) bezieht und um eine Anzahl von Schaltsekunden korrigiert wird, um mit der Rotation der Erde synchronisiert zu bleiben.

In der Astronomie ist die Zeitmessung von entscheidender Bedeutung, um die Bewegungen von Himmelsobjekten genau zu verfolgen und zu verstehen. Ohne genaue Zeitmessungen und -synchronisation wären astronomische Beobachtungen nicht möglich.

● *Zeitmessung und -synchronisation mit Atomuhren*

Atomuhren sind heute die genauesten Instrumente zur Zeitmessung und -synchronisation.

Sie nutzen die Eigenschaften von Atomen, um die Zeit zu messen und werden deshalb auch als Atomzeitgeber bezeichnet.
Dabei wird die Eigenschaft der Atome ausgenutzt, dass sie auf bestimmte elektromagnetische Strahlung mit bestimmten Frequenzen reagieren.

So wird bei Cäsium-Atomuhren beispielsweise die Absorptionsfähigkeit von Cäsiumatomen bei einer Frequenz von 9.192.631.770 Hertz genutzt, um die Sekunde zu definieren und zu messen.

Die Atomzeit ist die Basiszeit, die von einer Vielzahl von Geräten und Systemen weltweit genutzt wird, um ihre eigene Zeit zu synchronisieren.

Dazu gehören beispielsweise Satelliten, GPS-Systeme, Mobilfunknetze, aber auch die meisten Uhren und Zeitsysteme in Laboren und Forschungseinrichtungen.

Die Zeitmessung mit Atomuhren ist in der Lage, Abweichungen von nur wenigen Milliardstel Sekunden pro Tag zu messen und zu korrigieren.

Dadurch ist es möglich, Zeitmessungen mit höchster Genauigkeit durchzuführen und die Zeit über lange Zeiträume stabil zu halten.

Zudem ermöglichen Atomuhren die Synchronisation von Zeitmessungen auf der ganzen Welt, was in vielen Bereichen der Wissenschaft und Technologie unverzichtbar ist.

● *Ephemeriden und Sternkataloge*

Ephemeriden und Sternkataloge sind wichtige Hilfsmittel in der Astronomie, um die Positionen von Himmelsobjekten und ihre Bewegungen vorherzusagen und zu verfolgen.

Ephemeriden sind Tabellen oder Computerprogramme, die die Positionen von Himmelsobjekten zu bestimmten Zeiten vorhersagen.

Sie basieren auf Berechnungen, die auf den Gesetzen der Himmelsmechanik und der Gravitation beruhen.

Für die Erstellung von Ephemeriden sind genaue Beobachtungsdaten, wie zum Beispiel die Positionen von Sternen und Planeten zu bestimmten Zeiten, erforderlich.

Sternkataloge sind Sammlungen von Daten über die Positionen und Eigenschaften von Sternen und anderen Himmelsobjekten.

Sie **enthalten** Informationen wie **Sternnamen, Koordinaten im Himmelskoordinatensystem, Helligkeiten, Entfernungen, Radialgeschwindigkeiten und Eigenbewegungen.**

Sternkataloge sind wichtige Werkzeuge für Astronomen, um die Eigenschaften von Sternen zu studieren und ihre Bewegungen zu verfolgen.

Ephemeriden und Sternkataloge werden ständig aktualisiert und verbessert, um genauere und präzisere Daten zu liefern.

Sie sind unverzichtbare Instrumente für die Planung von Beobachtungen und Missionen, die Navigation von Raumsonden und Satelliten sowie für die Analyse und Interpretation astronomischer Daten.

• *Auswirkungen von Gravitation auf die Zeitmessung*

Die allgemeine Relativitätstheorie von Albert Einstein sagt voraus, dass die Gravitation die Zeitmessung beeinflusst.

Genauer gesagt, übersetzt ein stärkeres Gravitationsfeld die Zeitmessung im Vergleich zu einem schwächeren Gravitationsfeld.

Dieser Effekt wird als Gravitative Zeitdilatation bezeichnet und ist besonders ausgeprägt in der Nähe von sehr massereichen Objekten wie Neutronensternen oder Schwarzen Löchern.

In der Tat ist es aufgrund dieser Gravitative Zeitdilatation, dass ein Beobachter von der Erde aus sieht, wie ein Objekt, das sich in der Nähe eines Schwarzen Lochs befindet, scheinbar langsamer altert.

In der Astronomie müssen diese Auswirkungen bei der Zeitmessung berücksichtigt werden, um präzise Messungen durchzuführen.

Dazu werden präzise Atomuhren verwendet, die in Satelliten

im Weltraum platziert werden, um genaue Zeitmessungen durchzuführen und das globale Positionierungssystem (GPS) zu betreiben.

Darüber hinaus & auch Ephemeriden und Sternkataloge, die genaue Positionen von Himmelsobjekten liefern, sollten diese Gravitationszeitdilatation berücksichtigen, um genaue Vorhersagen von Himmelsereignissen zu machen.

VII. ANWENDUNGEN DER ASTRONOMISCHEN VERMESSUNG

Die astronomische Vermessung ist ein aktuelles Instrument in der modernen Astronomie und hat zahlreiche Anwendungen.

Ein Bereich ist die Untersuchung der Struktur und Dynamik unseres Universums.

Durch die Vermessung der Position, Bewegung und Entfernung von Sternen, Galaxien und anderen Himmelsobjekten können Astronomen die Größe und Form des Universums bestimmen sowie ihre Entstehung und Entwicklung besser verstehen.

Ein weiterer wichtiger Anwendungsbereich derastronomischen Vermessung ist die Suche nach extrasolaren Planeten. Durch die Messung der geringfügigen Schwankungen in der Bewegung von Sternen, die durch die Anziehungskraft von Planeten verursacht werden, können Astronomen neue Planeten entdecken und charakterisieren.

Die Vermessung des Himmels ist auch von großer Bedeutung für die Navigation im Weltraum. Die genaue Bestimmung der Position und Bewegung von Raumsonden und Satelliten ermöglicht es, sie präziser zu steuern und ihre Missionen effektiver durchzuführen.

Auch die Kalibrierung von Teleskopen und Instrumenten sowie die Erstellung von Sternkatalogen für die Identifikation und Klassifizierung von Himmelsobjekten sind wichtige Anwendungen der astronomischen Vermessung.

Zusammenfassend lässt sich sagen, dass die astronomische Vermessung eines Instrument ist, um unser Verständnis des Universums zu erweitern und wichtige Anwendungen in der Navigation, Instrumente, Kalibrierung und Planetenforschung zu ermöglichen.

• *Erforschung des Sonnensystems*

Die astronomische Vermessung spielt eine entscheidende Rolle in der Erforschung des Sonnensystems.

Eine Vielzahl von Instrumenten und Methoden wird verwendet, um die Positionen und Bewegungen der Planeten, Monde, Asteroiden und Kometen im Sonnensystem zu bestimmen.
Eines der wichtigsten Instrumente in der Sonnensystemforschung ist das **Teleskop**.

Mit Teleskopen können Astronomen die Positionen und Bewegungen von Planeten, Monden und anderen Objekten im Sonnensystem beobachten.

Darüber hinaus ermöglichen spezielle Kameras und Filter es, Informationen über die Zusammensetzung und Eigenschaften der Planetenoberflächen sowie die Atmosphäre und magnetische Felder der Planeten und Monde zu sammeln.

Eine weitere wichtige Methode der Sonnensystemforschung ist die **Raumsonde Mission.** Raumsonden wie **Voyager, Cassini**

und New Horizons haben detaillierte Informationen über die Planeten, Monde und Asteroiden unseres Sonnensystems gesammelt.

Sie haben nicht nur Bilder von den Oberflächen der Planeten und Monde aufgenommen, sondern auch Messungen der chemischen Zusammensetzung der Atmosphäre und der magnetischen Felder durchgeführt.

Die astronomische Vermessung ist auch von entscheidender Bedeutung für **die Identifizierung und Überwachung von potenziell gefährlichen Objekten (Near-Earth Objects, NEOs).** NEOs sind Asteroiden und Kometen, die sich in der Nähe der Erde befinden und ein potenzielles Risiko für die Erde darstellen.

Die Überwachung von NEOs durch Teleskope und Raumsonden ermöglicht es Wissenschaftlern, ihre Bewegungen und mögliche Kollisionen mit der Erde zu berechnen.

Zusätzlich zur Erforschung des Sonnensystems ermöglicht die astronomische Vermessung auch die Entdeckung und Untersuchung von extrasolaren Planeten.

Die Entdeckung von extrasolaren Planeten ist eine der wichtigsten Entdeckungen der modernen Astronomie und hat unser Verständnis des Universums erheblich erweitert.

Die Positionsmessung und -bestimmung von extrasolaren Planeten ermöglicht es uns, ihre Bahnen und mögliche Lebensbedingungen zu untersuchen.

Insgesamt spielt die astronomische Vermessung eine zentrale Rolle in der Erforschung des Sonnensystems und des Universums.

Die Messungen und Daten, die durch astronomische Vermessungen gewonnen werden, liefern wertvolle Informationen über die Eigenschaften und Entwicklungen von Planeten, Sternen und Galaxien und tragen somit erheblich zu unserem Verständnis des Universums bei.

• *Entdeckung und Untersuchung von Exoplaneten*

Die Entdeckung und Untersuchung von Exoplaneten ist eines der aufregendsten Felder in der modernen Astronomie.
Dank der Fortschritte in der Technologie und der Methoden zur Beobachtung von Sternen haben Astronomen in den letzten Jahrhunderten Tausende von Exoplaneten entdeckt.

Die meisten Exoplaneten wurden durch die Messung winziger Veränderungen im Sternenlicht entdeckt, die durch die Gravitationskraft des Planeten auf den Stern verursacht werden.

Diese Methode wird als Radialgeschwindigkeitsmethode bezeichnet. Eine andere Methode zur Entdeckung von Exoplaneten ist die Transitmethode.

Dabei beobachten Astronomen den Stern und suchen nach kleinen periodischen Veränderungen in der Helligkeit, die durch den Planeten verursacht werden, der vor dem Stern vorbeizieht.

Einige der bemerkenswertesten Entdeckungen von Exoplaneten sind die so genannten **"heißen Jupiter"**, die gasförmigen Riesenplaneten, die in einer engen Umlaufbahn um ihren Sternkreisen und extrem hohe Temperaturen aufweisen.

Auch haben Astronomen viele erdähnliche Planeten entdeckt, die sich in der bewohnbaren Zone ihrer Sterne befinden und möglicherweise Bedingungen, die für das Leben geeignet sind.

Die Entdeckung von Exoplaneten hat unser Verständnis des Universums erweitert und gezeigt, dass unser Sonnensystem nur ein kleiner Teil einer unvorstellbaren großen und tatsächlichen

Anzahl von Planetensystemen ist.

In Zukunft werden weitere Entdeckungen und Untersuchungen von Exoplaneten uns helfen, die Entstehung und Entwicklung von Planeten besser zu verstehen und möglicherweise sogar Antworten auf die Frage zu finden, ob es außerirdisches Leben im Universum gibt.

● *Struktur und Entwicklung unserer Galaxie*

Unsere Galaxie, die Milchstraße, ist eine große Ansammlung von Sternen, Gas, Staub und dunkler Materie, die eine scheibenförmige Struktur mit einem zentralen Bulge aufweist.

Eine der wichtigsten Techniken zur Untersuchung der Struktur und Entwicklung unserer Galaxie ist die Sternzählung.

Durch die Vermessung der Positionen, Helligkeiten und Bewegungen von Sternen in der Milchstraße können Astronomen ihre Entfernungen und Eigenschaften bestimmen, was Einblicke in die Struktur und Entwicklung unserer Galaxie gibt.

Eine andere wichtige Technik ist die Spektroskopie, die es Astronomen ermöglicht, die Zusammensetzung und Bewegung von Gasen in der Milchstraße zu untersuchen.

Durch die Analyse der Spektren von Sternen und Gaswolken können Astronomen beispielsweise die chemischen Eigenschaften von Sternen und die Bewegung von Gasen in der Galaxie bestimmen.

Weitere Techniken zur Untersuchung der Struktur und Entwicklung unserer Galaxie sind unter anderem die Untersuchung von **Kugelsternhaufen**, **Sternentstehung**

Regionen und die Verteilung von dunkler Materie.

Zusammen geben diese Techniken ein umfassendes Bild von der Struktur und Evolution unserer Galaxie und helfen uns zu verstehen, wie sie sich im Lauf der Zeit entwickelt hat und wie sie in Beziehung zu anderen Galaxien stehen.

Kosmologie und die Erforschung des Universums

Die Kosmologie befasst sich mit der Struktur, Entwicklung und Entstehung des Universums. Astronomen und Kosmologen untersuchen das Universum auf verschiedenen Skalen, von einzelnen Galaxien bis hin zu kosmischen Strukturen und dem Universum als Ganzes.

Eine wichtige Methode der Kosmologie ist die Beobachtung von Strahlung im elektromagnetischen Spektrum.

Zum Beispiel kann die kosmische Hintergrundstrahlung, die als Überbleibsel des Urknalls angesehen wird, untersucht werden, um Informationen über die frühesten Zustände des Universums zu erhalten.

Auch die Verteilung von Galaxien im Universum kann aufgezeichnet und analysiert werden, um mehr über die kosmische Struktur und die Entwicklung des Universums zu erfahren.

Ein weiterer wichtiger Aspekt der Kosmologie ist die Theoriebildung.

Statistische Beobachtungen entwickeln Modelle, um zu erklären, wie das Universum entstanden ist und sich entwickelt hat.

Ein solches Modell ist das **Big Bang-Modell**, das besagt, **dass das Universum aus einem singulären Punkt heraus entstanden ist und sich seitdem verlängert ha**t.

Die Kosmologie hat auch wichtige Erkenntnisse über die Natur von Dunkler Materie und Dunkler Energie gebracht, die zwar nicht direkt beobachtbar sind, aber eine wichtige Rolle bei der Erklärung der kosmischen Struktur und der Expansion des Universums spielen.

Zukünftige Entwicklungen in der Kosmologie umfassen den Einsatz von Gravitationswellen Observatorien zur Beobachtung kosmischer Ereignisse wie Kollisionen von Neutronensternen oder Schwarzen Löchern, sowie die Verwendung von extrem leistungsstarken Teleskopen, um tiefere und genauere Einblicke in das Universum zu gewinnen.

VIII.
SCHLUSSBETRACHTU NG

Die astronomische Vermessung spielt eine entscheidende Rolle in der modernen Astronomie und Astrophysik.

Sie ermöglicht es uns, das Universum in all seinen Aspekten zu untersuchen und zu verstehen, von der Struktur und Entwicklung unserer Galaxie bis hin zur Entdeckung von Exoplaneten und der Erforschung des frühen Universums.
Dabei sind die verschiedenen Techniken und Methoden der Vermessung eng miteinander verknüpft und ergänzen sich gegenseitig.

Die Entwicklung von immer präziseren Instrumenten und Technologien ermöglicht es uns, immer tiefere Einblicke in das Universum zu gewinnen und unser Verständnis davon zu erweitern.

Doch trotz all dieser Fortschritte bleibt die **astronomische Vermessung eine Herausforderung, die höchste Präzision und Sorgfalt erfordert**.

Die enorme Größe des Universums und die Vielzahl von Objekten und Phänomenen, die es enthält, machen es zu komplexen und faszinierenden Forschungsdomäne.

Insgesamt kann man sagen, dass die astronomische Vermessung eine zentrale Rolle in der modernen Astronomie und Astrophysik spielt und uns entscheidende Einblicke in das Universum ermöglicht.

Durch die kontinuierliche Weiterentwicklung von Technologien und Methoden werden wir auch in der Zukunft noch viel über das Universum lernen und unser Verständnis davon erweitern.

● *Zusammenfassung der wichtigsten Erkenntnisse*

In diesem Text habe ich Dir die verschiedenen Themen im Bereich der astronomischen Vermessung gezeigt.

Ich habe Dir auch gezeigt, welche wichtige Rolle die Vermessung des Universums in der Erforschung unserer Welt und des Universums spielt.

Ich habe Dir die verschiedenen Instrumente und Technologien vorgestellt, die verwendet werden, um astronomische Daten zu sammeln und zu analysieren.

Ich habe Dir auch die verschiedenen Koordinatensystemen und Positionsmessungen aufgezeigt, die in der Astronomie verwendet werden.

Ich habe Dir die Bedeutung von Zeit und Zeitmessung in der Astronomie erklärt und wie Atomuhren dazu beitragen, genaue Zeitmessungen zu ermöglichen.

Darüber hinaus habe ich einige der wichtigsten Anwendungen der astronomischen Vermessung diskutiert, einschließlich der Entdeckung und Untersuchung von Exoplaneten und der

Erforschung der Struktur und Entwicklung unserer Galaxie.

Zusammenfassend habe ich in diesem Buch die Bedeutung der astronomischen Vermessung und die Rolle, die sie bei der Erforschung unserer Welt und des Universums spielt, untersucht.

Ich habe Dir die verschiedenen Technologien und Konzepte aufgezeigt, die in diesem Bereich verwendet werden, und einige der wichtigsten Anwendungen der astronomischen Vermessung aufgelistet.

• *Ausblick auf zukünftige Entwicklungen in der astronomischen Vermessungstechnik*

Die astronomische Vermessungstechnik hat in den letzten Jahrhunderten enorme Fortschritte gemacht und uns Einblicke in die Struktur und Entwicklung unseres Universums ermöglicht.

Doch die Forschung steht nicht still und es gibt viele zukünftige Entwicklungen und Technologien, die uns noch tiefere Einblicke in das Universum ermöglichen.

Eine vielversprechende Technologie ist die Einführung von mehreren Teleskopen, die miteinander verbunden sind, um ein virtuelles Teleskop mit der Auflösung eines Teleskops zu bilden, das so groß ist, wie die Entfernung zwischen den Teleskopen.

Diese Technologie wird als **Very Long Baseline Interferometry (VLBI)** bezeichnet und ermöglicht uns, noch genauere Bilder des Universums zu erhalten.

Eine weitere Technologie ist **die Einführung von hochpräzisen Chronometern**, die es uns ermöglicht, **noch genauere Zeitmessungen durchzuführen**. Dies wird es uns ermöglichen, noch genauere Positionen von Objekten im Weltraum zu bestimmen und so genauere Bewegungsdaten von Objekten zu erhalten.

Die Einführung von neuen Satelliten mit fortschrittlicher Technologie wird auch dazu beitragen, die astronomische Vermessung zu verbessern.

Zum Beispiel ist die Einführung von Satelliten, die Gammastrahlen oder Gravitationswellen messen können, ein Versuch für die Erforschung des Universums.

Zusätzlich werden die **Fortschritte in der Künstlichen Intelligenz (KI) und maschinellem Lernen** helfen, **die Datenanalyse von astronomischen Daten zu automatisieren und zu verbessern**.

Die Fähigkeit von KI, Muster und Zusammenhänge in großen Datenmengen zu finden, wird dazu beitragen, unser Verständnis des Universums zu verbessern.

Insgesamt ist die Zukunft der astronomischen Vermessungstechnik sehr vielversprechend, und es wird erwartet, dass wir in den kommenden Jahren noch tiefere Einblicke in das Universum gewinnen werden.

Ich wünsche Dir noch viele weitere schöne Stunden mit allen Methoden und Techniken zur Erforschung des Universums!

ÜBER MICH

Warum ich dieses Buch geschrieben habe:

Die Motivation hinter dem Schreiben dieses Buches liegt tief in meiner Leidenschaft für das Thema und dem Wunsch, Wissen und Erkenntnisse zu teilen. Als begeisterte Person im Bereich "**Einführung in die astronomischen Methoden und Techniken - Die Vermessung des Himmels**" habe ich viel Erfahrung gesammelt und meine Expertise in diesem Feld kontinuierlich vertieft.

Während meiner Reise in diesem Bereich habe ich erkannt, dass es eine Lücke in der Literatur gibt, wenn es darum geht, "**Die Vermessung des Himmels**" auf eine verständliche und zugängliche Weise zu erklären. Dieses Buch ist meine Antwort auf diese Lücke. Ich wollte ein Werk schaffen, das Dir hilft, ein tiefes Verständnis für "**Die Vermessung des Himmels**" zu entwickeln.

Mein Ziel ist es, komplexe Konzepte klar und präzise zu vermitteln, ohne dabei die Tiefe und Bedeutung des Themas zu vernachlässigen.

Ich möchte, dass Du von diesem Buch profitierst, sei es, um Dein Wissen zu erweitern, sich auf Prüfungen vorzubereiten oder einfach nur Deine Neugier zu befriedigen.

Darüber hinaus bin ich der festen Überzeugung, dass Wissen eine wertvolle Ressource ist, die geteilt werden sollte.
Dieses Buch ist meine Art, mein Wissen und meine Leidenschaft für dieses faszinierende Feld mit Dir zu teilen.

Ich hoffe aufrichtig, dass Du dieses Buch genießßst und davon profitierst. Es war mir eine Freude und eine Ehre, es zu schreiben, und ich hoffe, dass es dazu beiträgt, Dein Verständnis von "**Der Vermessung des Himmels**"zu vertiefen.

Vielen Dank für Dein Interesse und Deine Unterstützung.

Mit herzlichen Grüßen,
Eva

IMPRESSUM

Mag. Eva Prasch

Abt Balthasar-Straße 7

2651 Reichenau an der Rax

web: https://evaprasch.com/

Vervielfältigung nur mit Genehmigung des Herausgebers gestattet. Verwendung oder Verarbeitung durch unautorisierte Dritte in allen gedruckten, audiovisuellen, akustischen oder anderen Medien ist untersagt.
Die Textrechte verbleiben beim Autor, dessen Einverständnis zur Veröffentlichung hier vorliegt.
Für Satzfehler keine Haftung.
Impressum
Autor Mag. Eva Prasch,

© 2023 Mag. Eva Prasch. Alle Rechte vorbehalten.
Satz: Mag. Eva Prasch
Umschlag: Mag. Eva Prasch

Druck und Bindung: Mag. Eva Prasch

www.ingramcontent.com/pod-product-compliance
Lightning Source LLC
Chambersburg PA
CBHW062258290526
45794CB00006B/2601